动物原来这么酷

虫虫为什么真的很酷？

[英] 马特·罗伯森 / 著·绘 鲍凯丽 / 译

山东友谊出版社·济南

你喜欢虫虫吗?

救命!

啊!

虫虫很特别，也很重要!

有些虫虫毛茸茸的，有些黏糊糊的。虫虫们各有各的本领：有的会飞，有的会爬，有的喜欢扭来扭去……很多人害怕虫虫。他们一看到蚂蚁就想跑："啊，**好可怕!**"他们一看到竹节虫就浑身不舒服："啊，**好恶心!**"

我们应该爱护虫虫和像虫虫一样的小动物，因为**它们真的很重要**。如果没有蜜蜂，大自然中就不会有这么多植物；蜘蛛也很有用，人们种植水果、蔬菜，它们都帮得上忙；还有蚂蚁，它们在恐龙时代就已经存在了，是不是很顽强，很厉害？

哇！

遇到虫虫和它的朋友们时，
我们需要记住以下几点：

- 不要打扰蜜蜂工作。
- 竹节虫可能就藏在你周围的树上。
- 蚯蚓其实很友好，不用害怕。
- 看到蜘蛛别尖叫，给它一个微笑！
- 记得与蚱蜢保持一点儿距离！
- 小心，别踩到蜗牛！
- 不要捉蝴蝶，也别拿飞蛾寻开心。
- 遇到蜻蜓不用害怕，它只是路过。
- 不要欺负蚂蚁哟！

还有，不要敲打甲虫哟！

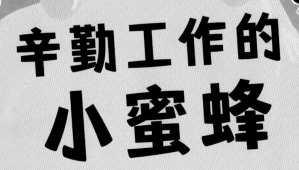

辛勤工作的 小蜜蜂

小蜜蜂在忙什么？

蜜蜂忙着寻找香甜的花蜜。"好吃！"蜜蜂不仅会酿蜜，而且对植物的生长也非常重要。蜜蜂在花丛中采蜜时，也会收集和传播花粉，帮助植物授粉。瞧见了吗，它们身上那些黄色的粉末就是花粉哟！蜜蜂的辛勤劳作帮助很多植物结出果实。

不要打扰 蜜蜂工作哟！

5只眼睛

蜜蜂一般有5只眼睛——2只复眼、3只单眼，是不是很神奇？

"蜜蜂圆舞曲"

你知道吗，蜜蜂之间是通过"跳舞"来交流的。

有些聪明的蜜蜂会躲在老鼠洞里过冬。

已售！

蜜 蜂

蜜蜂住在蜂巢里，它们的体形相对较小。只有工蜂才会酿蜜！

熊 蜂

熊蜂体形较大，喜欢在土壤里做窝。熊蜂的身上通常有黑黄相间的条纹，尾部是红色、白色、黑色、棕色或黄色的。

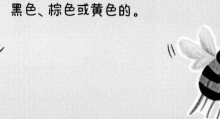

「隐形超人」竹节虫

**是叶子，还是树枝？
不，都不是，是竹节虫！**

竹节虫是**世界上体形最长的昆虫**。它们非常善于伪装，有的看起来像绿色的树叶，有的则像褐色的树枝。它们整天一动不动，人们很难发现它们。

竹节虫可能就藏在你周围的树上。

世界上最长的竹节虫大约有62厘米，差不多是你手臂的2倍长！

你能发现竹节虫在哪儿吗？

再找找！

不是我！

也不是我！

终于找到啦！

你最喜欢哪只竹节虫？

你好！

蚯蚓向前冲

蚯蚓不仅会摇摆、扭动、滑行，还会翻身呢！

蚯蚓不仅喜欢吃泥土，还喜欢在土里钻来钻去，这样可以保持土壤健康，有利于植物生长。蚯蚓雌雄同体。虽然它们看起来黏糊糊的，很难行动，但实际上，它们可以借助身体上的刚毛在土壤中轻松移动。**蚯蚓很灵活的！**

蚯蚓其实很友好，我们不用害怕！

你知道吗，蚯蚓最多有5颗"心脏"！

被吃了！

鸟儿会用喙啄地面，模仿下雨的声音。这样就可以把蚯蚓骗出来吃掉！

摇摆！摇摆！

3米

超级大蚯蚓

非洲巨型蚯蚓是世界上最大的蚯蚓之一。据说它们最长能长到3米。

1.8米

1.15米

一个足球场大小的区域里可能有100多万只蚯蚓！

蚯蚓什么都吃，一点儿都不挑食。

落 叶

嘎吱嘎吱——

腐烂的水果

发霉了！

死去的动物

好臭哇！

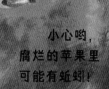
小心哟，腐烂的苹果里可能有蚯蚓！

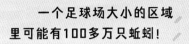

我吃饱了。

鼹鼠

超级能吃的蚯蚓
蚯蚓超级能吃，土壤里到处都是它们的粪便，这些粪便可以促进植物的生长。

我喜欢吃蚯蚓。

便便

古老的"蚯蚓"化石
化石表明，"蚯蚓"在恐龙时代前就已经存在了。只不过，这种名叫史前巨蚯蚓的动物和如今的蚯蚓差别很大。

化石

蚯蚓喜欢和朋友们待在一起。

蚯蚓真是太有趣了！

神奇蜘蛛 会吐丝

蜘蛛简直是世界上最神奇的动物！

蜘蛛有8条腿，不同种类的蜘蛛形状、大小各异。它们之中有毛茸茸的大家伙，也有爬得飞快的小不点儿。蜘蛛在哪儿都能安家，说不定你身旁的角落里就有呢！蜘蛛有圆溜溜的眼睛，还有锋利的尖牙。不过，不用害怕，它们可是"耍酷高手"，还会"跳高"和"跳舞"呢！

看见蜘蛛的时候，
别尖叫，给它一个微笑！

素食主义者

吉卜林巴希拉蜘蛛是一种只吃植物的素食蜘蛛，它们超级喜欢花蜜！

真甜！

我被困住了！

许多蜘蛛可以挂在蛛丝上荡来荡去，看起来就像"空中飞人"。

蜘蛛一般有8只眼睛。想象一下，要是给它们戴上眼镜，是不是很好玩儿？

蜘蛛是从尾部射出蛛丝的。

我看见你了！

如果看到蜘蛛就害怕得不得了的话，那你可能有蜘蛛恐惧症。

世界上最大的蜘蛛是亚马孙巨人食鸟蛛。一只30厘米长的亚马孙巨人食鸟蛛比你的两个手掌加起来还要大哟！

蜘蛛在结网

蜘蛛不断地织网来捕捉食物，有些蛛丝像钢丝一样坚固。要知道，钢丝可是用来建造大桥的材料。

交个朋友吧！

有些雄性蜘蛛为了追求雌性蜘蛛，会把自己最喜欢的苍蝇当作礼物送给对方。

我在泡泡里玩儿！

潜水钟蜘蛛是一种生活在水中的蜘蛛。

蜘蛛抓住猎物后，会把它们变成黏稠状的糊糊，再慢慢吸食。

蜘蛛会吃掉很多害虫。感谢它们！

蜘蛛吃的虫子比鸟和蝙蝠都要多。

蜘蛛真的好酷哇！

蹦蹦跳跳的蚱蜢

有一种虫虫不仅跳得高，还会"唱歌"。你知道是什么虫虫吗？

蚱蜢喜欢在阳光下的草地里边跳边"唱歌"。

所以，你散步时要小心，它们可能会忽然蹦出来哟！

蚱蜢不仅有粉色的、黄色的、绿色的，还有彩色的！

它们不咬人，但生气的时候，可能会朝你吐口水！

记得与蚱蜢保持一点儿距离！

口水

快走开！

蚱蜢的大小

成年蚱蜢能长到13厘米长，不过蚱蜢的平均身长在7厘米左右。

蚱蜢

比恐龙还早

蚱蜢出现的时间比恐龙还早，当时地球上还生活着彼得普斯螈 (yuán)。

← 彼得普斯螈

（单位：厘米）

成年蚱蜢 →

← 蚱蜢宝宝

小小蜗牛走天下

不要因为蜗牛爬得慢吞吞就小看它们哟!

在农民伯伯和园丁伯伯的眼里，蜗牛是害虫，因为它们经常吃庄稼和其他植物。

蜗牛有什么特别的地方吗? 你可能不知道，它们的眼睛长在触角的末端，而且可以缩回壳里; 它们能自行修复摔破了的外壳，不过，要是破得太严重，就修不好了。

嘿!

"飞檐走壁"

蜗牛依靠自己的黏液，可以停在任何地方。它们想去哪儿就去哪儿，就算倒着爬行也没关系!

倒着看世界真好玩儿!

要小心哟，别踩到蜗牛!

我们到了吗?

蜗牛的舌头上有成千上万颗细牙，可以把食物磨碎。

蜗牛爬得很慢，它从这页纸的上边爬到下边都要花很长时间!

终点

软体大家族

蜗牛是软体动物，全身没有骨头。还有很多海洋动物也是软体动物，比如牡蛎 (mǔ lí) 和蛤蜊 (gé lí)。

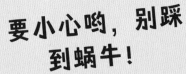

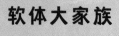

一些生活在丛林里的蝴蝶，因为采集花蜜，身上留下了像蛋糕一样香甜的气味。

美丽动人的
蝴蝶

有人曾认为蝴蝶是女巫变的，你相信吗？

粉色、蓝色、橙色、红色!

蝴蝶的翅膀五颜六色，帮助它们隐藏在花丛中，躲避捕食者，还能够帮助它们交到新的蝴蝶朋友。蝴蝶每分钟可以扇动翅膀约300次。**简直太快了！**
不过，要小心，蝴蝶的翅膀很脆弱，不能碰。

尽量不要捉蝴蝶!

蝴蝶真漂亮！

蝴蝶是从哪儿来的?

好吃！

蝴蝶是用脚来"尝"味道的！

蝴蝶妈妈在树叶上产下卵，卵孵化成毛毛虫。毛毛虫为了快快长大，花费很多时间在吃东西上。

毛毛虫长大了会化蛹，在蛹中变成蝴蝶。

钻出蛹后，再过一段时间，等翅膀展开，蝴蝶就可以飞向远方了。

晚上出门的 飞蛾

你知道为什么飞蛾喜欢晚上出去吗？

飞蛾对日光敏感，它们喜欢黑夜。它们借助月光和星光在夜晚分辨方向。我们经常看见飞蛾绕着灯飞来飞去——很可能它们把灯当成了月亮！不过，飞蛾还是很聪明的，它们会伪装起来，保护自己。

别拿飞蛾寻开心哟!

晚安!

飞蛾的体形比蝴蝶要胖一些。

虎蛾身体的斑纹与老虎很像。

老虎

虎蛾

飞蛾太有趣啦!

飞蛾的翅膀五颜六色的。

瞧瞧,我的毛衣!

有些飞蛾和蝴蝶喜欢吸食其他动物的眼泪和汗液。

嗯,咸的!

飞蛾的身体毛茸茸的。

勇往直前的蜻蜓

蜻蜓的英文名字是dragonfly，
那它是会飞（fly）的龙（dragon）吗？
当然不是啦！

蜻蜓虽然不是龙，但它们也是"飞行高手"。
澳大利亚蜻蜓是所有昆虫中飞得最快的。蜻蜓的
眼睛很神奇，除了能看到前面的东西，还能看到脑
袋后面的一切。它们能向上飞，向下飞，还能侧着
飞。蜻蜓一般不主动攻击人。

**遇到蜻蜓不用害怕，
它只是路过。**

蜻蜓宝宝是用屁股
"呼吸"的，它们通过"放
屁"在水下快速移动。

蜻蜓会在飞行中
用脚抓取猎物。

来吧！

想要观察蜻
蜓的话，你可以
去池塘边、湖边
和河边看看！

团结一致的
蚂蚁

蚂蚁，蚂蚁，不可思议！

有些科学家认为，地球上所有蚂蚁的总重量比所有人类的还大。蚂蚁无处不在，灌木丛里、树林里、草地上、花园中，到处都有它们的身影。经历了行星撞击地球之后，小小的蚂蚁存活了下来。蚂蚁的生命力真顽强啊！

不要欺负蚂蚁哟！

飞 蚁

飞蚁是翅膀未脱落的白蚁，常常在春夏之交出没！它们可不是蚂蚁哟！

我是蚁后！它们都是我的工蚁。

我是林地蚂蚁。谁威胁到我，我就用酸液喷谁！

蚂蚁跑起来速度非常快。要是体形跟人类一样大的话，它们会跑得比飞驰的汽车还要快。

庞大的甲虫家族

地球上每四种动物中就有一种是甲虫！

甲虫的种类太多了，一张纸根本列不下，那就给大家介绍几种有趣的甲虫吧！看看这些五彩斑斓的甲虫、喜欢玩粪球的甲虫、大大的甲虫和小小的甲虫！它们看起来形态各异，不过都有一个共同特点——长着强壮的鞘（qiào）翅。鞘翅能像盾牌一样保护它们的身体。

不要敲打甲虫哟！

尽管名字听起来不太像，但其实萤火虫也是甲虫。萤火虫的屁股会发光，这样它们就可以吸引其他萤火虫前来。

萤火虫

吉丁虫

扁甲

吉丁虫喜欢有阳光的地方，而扁甲喜欢非常寒冷的地方。

全副武装！

大多数甲虫会飞！

毛翼甲虫

世界上体形最小的甲虫是缨（yīng）甲科的毛翼甲虫。

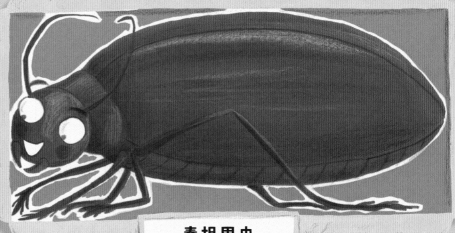

泰坦甲虫

世界上最大的甲虫之一是泰坦甲虫。

蜣 螂 (qiāng láng)

蜣螂俗称屎壳郎，喜欢把动物的便便滚成一个球，然后吃掉！

隐翅虫

隐翅虫在遇到威胁时会释放强酸性毒液。

我是有条纹的甲虫！

黄瓜甲虫

锹 甲

锹甲是濒危动物。要是遇到了，记得好好保护它。

圣诞甲虫

圣诞甲虫生活在澳大利亚和南非。只有在圣诞节前后，它们才会从土壤中爬出来。

花 萤

花萤喜欢坐在花朵上。

瓢 虫

瓢虫是一种斑纹虫。虽然瓢虫的英文写作 ladybird，但它们也有雌性和雄性之分，并非全部都是"女士 (lady)"。

甲虫好酷哇！

椿象遇到捕食者会喷射出滚烫的毒雾！

椿 象

其他有趣的 虫虫

嘿！还有其他虫虫和它们的朋友们要介绍呢!

在你合上这本书之前，先跟其他虫虫和它们的朋友们打个招呼吧！每一只虫虫都以自己独特的方式在我们的世界发挥着重要作用。它们看起来毛茸茸、黏糊糊的，但是能够保护土壤，促进植物生长，还会吃掉腐烂的水果。了解了这些，你是不是更喜欢它们了呀？来，大家一起来保护我们的虫虫朋友和它们的家园吧！多多养花、植树，不要伤害那些没那么可怕的小爬虫。

跳叶蝉的腿很特别，它们可以想往哪儿跳就往哪儿跳。

水熊那么小，却能在极热和极冷的环境里生存。

螳螂的头能够向多个方向旋转很大的角度，好神奇呀！

你好!

马陆又叫千足虫，它的足多达200对!